U0177527

樱井进数学大师课

化繁为简
巧运算

[日]樱井进◎著　智慧鸟◎绘　李静◎译

电子工业出版社
Publishing House of Electronics Industry
北京·BEIJING

版权贸易合同登记号　图字：01-2022-1937

图书在版编目（CIP）数据

樱井进数学大师课. 化繁为简巧运算 / (日) 樱井进著；智慧鸟绘；李静译. —— 北京：电子工业出版社，2022.5
ISBN 978-7-121-43347-4

Ⅰ.①樱… Ⅱ.①樱… ②智… ③李… Ⅲ.①数学 – 少儿读物 Ⅳ.①O1-49

中国版本图书馆CIP数据核字(2022)第069755号

责任编辑：季　萌　文字编辑：肖　雪
印　　刷：天津善印科技有限公司
装　　订：天津善印科技有限公司
出版发行：电子工业出版社
　　　　　北京市海淀区万寿路173信箱　邮编：100036
开　　本：889×1194　1/16　印张：30　字数：753.6千字
版　　次：2022年5月第1版
印　　次：2022年5月第1次印刷
定　　价：198.00元（全6册）

凡所购买电子工业出版社图书有缺损问题，请向购买书店调换。若书店售缺，请与本社发行部联系，联系及邮购电话：（010）88254888，88258888。

质量投诉请发邮件至zlts@phei.com.cn，盗版侵权举报请发邮件至dbqq@phei.com.cn。

本书咨询联系方式：（010）88254161转1860，jimeng@phei.com.cn。

数学好玩吗？是的，数学非常好玩，一旦你认真地和它打交道，你会发现它是一个特别有趣的朋友。

数学神奇吗？是的，数学相当神奇，可以说，它是一个大魔术师。随时都会让你发出惊讶的叫声。

什么？你不信？那是因为你还没有好好地接触过真正奇妙的数学。从五花八门的数字到测量、比较，从奇奇怪怪的图形到数学的运算和应用，这里面藏着数不清的故事、秘密、传说和绝招。看了它们，你会有豁然开朗的感觉，更会有想要跳进数学的知识海洋中一试身手的冲动。这就是数学的魅力，也是数学的奇妙之处。

快翻开这本书，一起来感受一下不一样的数学吧！

目录

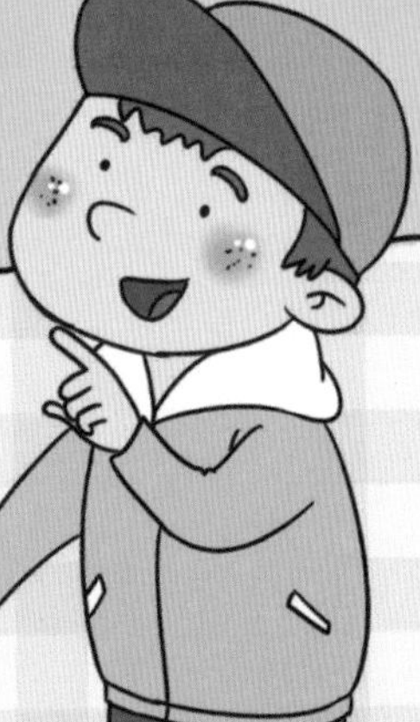

大显神通的运算符号

在四则运算中，一旦某个算式的符号发生改变，那么整个算式的得数也会随之改变，认识符号、了解符号是熟练运用四则运算的基础。

加号和减号

虽然语言不同，但全世界使用的运算符号都相同！

　　加号是加法运算中的代表符号，它负责将两个或者两个以上的事物连接起来。

　　减号是减法运算中的代表符号，它表示把一个或多个事物从某种事物中减去。

$$3 \oplus 2 = 5 \qquad 3 \ominus 2 = 1$$

加号　　　　　　　　　减号

　　最开始，人们用 p 代表"加"，m 代表"减"，直到 16 世纪时，"+"和"−"才开始投入使用。

　　有人认为是德国人最早使用了"+"和"−"，传说德国人把它们画在装货物的箱子上，表示箱子的重量；也有人认为加号是拉丁语中表示"和、与"的单词（类似于 &）的缩写，在拉丁字母"m"上加一横，也就构成了减号。经过几百年的使用和传播，现在"+"和"−"已经是世界通用的计算符号。

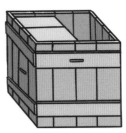

乘号

"×"看起来有点儿像躺着的"+"，也像字母X，但"×"一定不能写成X，因为X在数学中有"未知数"的含义。

乘号

字母"X"

**德国数学家
莱布尼茨**

在数学计算中，乘法算式通常是用 A（某个数字）$\times B$（某个数字）来表示的，但有时候，人们在写公式或者其他字母表示的乘法算式时，"×"经常会被省略掉，如长方形面积公式：$S=ab$，其实就是指 $S=a \times b$。

除此之外，"×"往往还会被"·"或"*"代替。最初为了防止"×"和字母X混淆，德国数学家莱布尼茨在给朋友的信中提到：用"·"或"*"代替"×"。实际上这个方法被很多人使用，如 $S=a \cdot b$，但如果写这个算式的人是一个字迹潦草的家伙，有可能你会将公式看成 $S=a.b$，这个差距实在是太大了。要区别这两个点，你只需要记住：代替"×"的"·"是一个中圆点，它在两个字母的中间位置，而"."是小数点，它一般在两个字母中间的下方。

÷ 除号

"÷"是和"×"相对的数学符号，它是一个由一根短横线和横线两侧的两点构成的符号，其主要用来表示数学中的除法运算。当你把乘法算式中的某个乘数和积互换位置之后，你就可以得到一个除法算式，如 7 × 8=56，它可以变成 56 ÷ 7=8 或 56 ÷ 8=7。

除法很有意思，你会发现可以把 ÷ 两边的数字挪到圆点的位置，这样除法算式就变成了一个分数，而分数中的"－"（分数线）和"÷"的作用则是相同的。

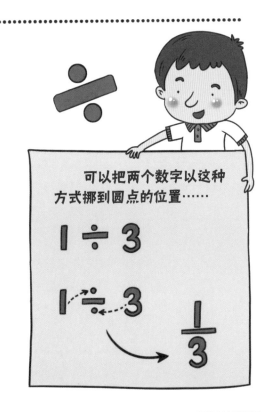

可以把两个数字以这种方式挪到圆点的位置……

$1 \div 3$

$1 \div 3$ $\dfrac{1}{3}$

÷ 的历史

1544 年，德国数学家施蒂费尔在《整数算术》一书中提到：用一个或一对括号作除号，如以 8) 24 或 8) 24（表示 24 ÷ 8。过了一年后他又改用大写的德文字母 D 表示除。

雷恩记号

瑞士数学家
约翰·海因里希·雷恩

德国数学家施蒂费尔

现在我们使用的"÷"被称为雷恩记号，因为这个符号是瑞士数学家约翰·海因里希·雷恩最早于 1659 年出版的一本代数书中使用。

等号几乎存在于所有的等式中，它的意思非常明确，就是表示等号一边和另一边的得数完全相等。如果说等号是跷跷板的支点，那么当左右两边的小猫一样时，这个跷跷板就会保持平衡，因为公平的支点不会给任何一方"借力"。如果你想往等式两边各增加 1 只小猫，这样公平的增加方式，等号是不会阻止的。反之，等式两边减去相同的数字，等式两边依然相等。

$$3=3 \quad 3+2=3+2$$

= 的来历

16 世纪，英国数学家雷科德在《砺智石》一书中首次使用了"＝"，他发明这个符号的意思是"用两条平行而又长度相等的直线来表示两数相等"。那时候等号的样子和现在我们看到的略有不同，两条直线要比现在的长很多，经过百年的演变，等号终于定型，成为了我们现在看到的样子。

用两条平行而又长度相等的直线来表示两数相等。

不平衡

并不是所有的小猫都会乖乖地待在跷跷板上，当左侧跷跷板上的小猫跑掉两只后，整个跷跷板就失去平衡了。这时 6-2 ≠ 4+2，这种算式被称为不等式。

不等式中，除了"≠"外，"＞""＜""≥""≤"也是不等式成员之一。不等式也可以用这样的方式来表示：

6-2 ≠ 4+2
6-2 ＜ 4+2
4+2 ＞ 6-2
28 ＜ 49-11
31 ＜ 21+12

有趣的是，虽然不等式同时表示运算符号两边的数值不相等，但和等式有一个相同的特性：不等号两边增加或者减少同样的数字，不等号的方向不会发生改变。

≠ 不等号的诞生

1629 年，法国数学家日纳尔在他的代数教程里讲到了不等号，那时，他用 "AffB" 代表 A 大于 B，以及用 "B ﬁ A" 代表 B 小于 A。这两种表示方法可以说是不等式最早的雏形。

两年之后，英国著名的代数学家哈里奥特在其出版的数学著作中，首先创造并使用了 ">"（大于号）及 "<"（小于号），据说发明的灵感来源于音乐中的"渐弱"和"渐强"符号。

和哈里奥特同时期的英国数学家奥特雷德也发明了以 ">" 表示大于、以 "<" 表示小于的符号。

小数点

小数点"."就是用来把整数和小数部分隔开的小黑点，它和","之间就差一个小尾巴。有时候，如果你不小心将"."写成","，那么，结果可能你承受不了……比如说，你提出主动帮别人提 1.258kg 的包，那你一定要标清楚".",如果不小心写成了 1,258kg，那只能祝你好运了！这么重的包，搬家公司都得派十几辆小车才拉得完！

除了在数字之间看到小圆点之外，我们在有些数字的头上也会看到一个小圆点，如 0.8$\dot{3}$，3 上面的小圆点表示这个数字是无限循环的，如果你非要把这个点取下来，就会释放出无数个 3，这个数字就会变成 0.83333333333……直到你的手指写得又红又肿，这个 3 还需要继续写下去。

大括号、中括号和小括号

在没有发明那么多运算符号以前，连续性的运算做起来非常麻烦，于是，区别先后计算顺序的运算符号出现了。400多年以前，数学家魏芝德在进行数学运算时，首次运用了（ ）、[ ]和{ }。如果你在计算中遇到这类算式，请记住下面的顺序：

在数学四则运算中，有括号的要先算括号里的，出现不同括号要先算小括号里的、再算中括号里的、再算大括号里的，最后算括号外的。

想一想：如果给 $4 \times 12 + 24 \div 6$ 加上括号，最后结果会变成什么样子呢？

$4 \times (12+24) \div 6 =$

$4 \times (12+24 \div 6) =$

$(4 \times 12+24) \div 6 =$

$[4 \times (12+24)] \div 6 =$

游戏一：扑克牌方阵

像下图一样摆放 25 张扑克牌。

仔细观察：如果把最上面一行牌的数字加起来，

你会得到： 7+4+1+8+5=25

行

列

如果把中间一列从上向下加起来，你会得到 1+7+3+9+5=25。

请重新排列这些扑克，排列要求如下：

- 每一列加起来都是 25。
- 每一行加起来都是 25。
- 四个角的数字再加上中间一张牌上的数字也等于 25。

答案

扑克牌方阵：把两个黑 A 与两个 6 对调。

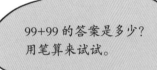 99+99 等于多少?

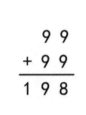

$$99 + 99 = 198$$

99+99 的答案是多少?
用笔算来试试。

你的第一反应是拿起笔来计算吗?像这样列出一个竖式,然后结果就出来了。但是,有比这快得多的办法。你可能已经注意到了,99 和 100 只差 1,要是 100+100,那这道题该多简单啊,只要心算就能解决。那么,我们就把 99 当作 100 来考虑好了。不过这样一来,就多出了两个 1,也就是一个 2,我们得把这个 2 减掉。

$$100 + 100 = 200$$
$$\uparrow +1 \quad \uparrow +1 \quad \downarrow -2$$
$$99 + 99 = 200-2$$

用图说明一下,
请看下图。

看看图 1,你会更明白。

图 1 的黑点原本是不存在的,为了得到方便计算的 100,我们假设它在那里,这就叫无中生有。

图 1

数学小魔术

教你一个会让朋友崇拜你的魔术。让朋友说3个三位数，你说2个三位数，然后快速地把这5个三位数的和计算出来，朋友一定会大吃一惊的。

不相信？其实秘诀是这样的：当朋友说第二个三位数时，你要让你说的数和这个数加起来正好是999。当朋友说出第三个三位数时，你也要保证接下来你说的数和它相加也是999。

这样，你和朋友各说的两个三位数实际上就变成了999+999。刚才我们已经知道，你可以把它看做1000+1000-2，我们可以用第一个三位数来减去这个2，然后加上2000，结果就出来啦。

① 先让朋友随便说一个三位数 145

② 朋友再说一个三位数 278

③ 接着你说一个三位数 721

④ 换朋友说第三个三位数 628

⑤ 你说最后一个三位数 371

也可以变魔术哦！

你可能已经发现，在这个游戏中只需要知道第一个三位数，后面的数字相加等于2000 - 2就可以。所以当朋友说出第一个三位数时，你就可以写出结果并藏起来。等所有三位数都说完，再拿出结果，朋友一定会以为你会未卜先知。

①—346
②—283
③—716 } 999
④—472
⑤—527 } 999

346
999 } 2000-2
+ 999
―――――
2346-2=2344

加法减法天天见

周末，爸爸妈妈带悠悠去游乐园玩。玩着玩着，悠悠突然发现游乐场里有很多很多的加减法。

摩天轮上有红、黄、蓝、绿4种颜色的座舱，红色座舱有4个，黄色座舱有6个，蓝色座舱有8个，绿色座舱有6个，请问摩天轮上一共有多少个座舱？

4+6+8+6=24（个）

游乐场上，游客开动了8辆碰碰车，还有4辆碰碰车停在场边，这里一共有多少辆碰碰车？

8+4=12（辆）

悠悠最喜欢玩的过山车前排了一串长长的队伍，现在过山车上还有 8 个空位，而她的前面有 13 个人，这趟过山车悠悠能坐上吗？

13 > 8
哎呀，只好坐下一趟了。

气球小贩原来有 15 个气球，结果不小心飞了 6 个气球，他现在还有几个气球？

15−6=9（个）

玩得好累，每人来根冰激凌吧！爸爸要了一个单球巧克力，妈妈和悠悠分别要了一个双球香草冰激凌，请问悠悠家买到的冰激凌一共有几个球？

冰激凌

单球冰激凌
8 元
双球冰激凌
15 元

悠悠给了售货员阿姨 50 元，这些钱够不够买冰激凌？如果够，用不用找零？

答案：1+2+2=5（个）

8+15+15=38（元）　50 > 38　悠悠的钱够付。
50−38=12（元）　售货员应该找给悠悠 12 元。

加法特别有原则

不管是 2 个数字相加，还是数十个、数百个数字相加，一定要记住：

● 只有同类事物才能相加。
● 各个加数之间的位置可以交换。

狮子和小狗

如果有人给你这样一道题，你会怎么算呢？

笼子里有 5 只狮子，往笼子里放 7 只小狗，结果是什么？

结果一：12 只狮子?　　　　结果二：12 只狗?

结果三：12 只狮子狗?　　　结果四：5 只肚皮滚滚的狮子?

很显然，这些结果都是不正确的，因为狮子和狗不是同一类事物，它们无法相加计算得数。如果狮子没有吃掉可怜的小狗，我们只能说笼子里会有 12 只动物，而不能说有 12 只狮子或者 12 只狗，狮子狗那就更加不可能了。毕竟，加法是一种很有原则的计算方式，它拒绝乱加乱算。

521+67 等于几?

阿 Q 面前有一道算式：521+67=？，自信的他认为自己很快就能搞定这道题目。

这么简单的题也好意思拿出来考我？ 5+2+1+6+7=21

5+2+1+6+7=21

听明白了吗？结果是 21。

你笑什么笑？天才就是这么快！

你也笑了吗？是的，阿Q触碰到了加法的原则：同类事物才能相加，不同类的事物是不可以相加的。

虽然 521 和 67 都是由阿拉伯数字组成的数，但是每个数中的阿拉伯数字代表的意思是不一样的，它们是不同的事物。在 521 这个数中，5 是百位数，它代表 500，2 是十位数，它代表 20，1 是个位数，它代表 1。同样，6 是十位数，代表 60，7 是个位数，代表 7。"天才"阿Q将百位数、十位数、个位数都当作个位数加在一起，那么，最后他只能得到一个大"叉"。

比如数"9999999"，虽然这个数都是由阿拉伯数字 9 构成的，但每个 9 表示的意义却是各不相同的。

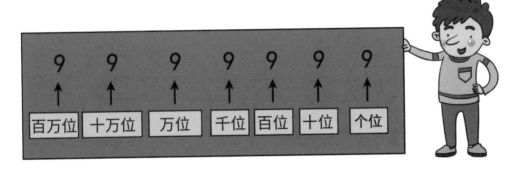

如果用竖式来计算 521+67，你就更能看出哪个数字和哪个数字才是相同的事物。个位数永远和个位数相加，十位数永远和十位数相加，百位数永远和百位数相加，这样算出来的结果 588 才是正确的。即使换个顺序相加，67+521，结果依然是 588。

破解竖式密码

我们经常会遇到一些这样的竖式：它的某几个数字被藏了起来，变成了一个方框，需要你开动脑筋找出这些数字。解决这种问题的杀手锏就是：认真分析，利用加减法之间的关系，这样很快你就能破解这些"密码"啦！

初始版

破解这道题，你将能收获 4 颗星。 ★★★★

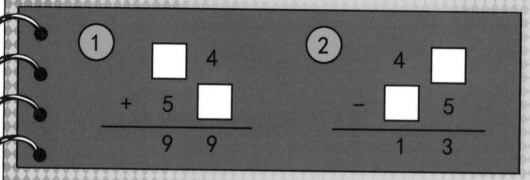

高级版

破解这道题，你将能收获 16 颗星。 ★★★★★★★★★★ ★★★★★★★★★★

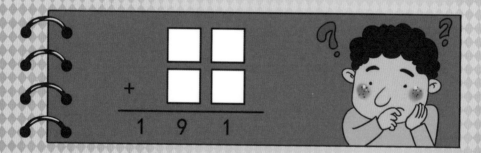

小提示

算式中的两个两位数相加的和是191，所以两个加数十位上的数都是9，且个位上的数字适合满十向十位进一位。

注意一下高级版的星星数量，为什么一道题会给16颗星星呢？好好想想，千万别错过什么哟！

初始版

（1）个位上加数是 4，得数是 9，那么□=9-4=5，同样，十位数 □=9-5=4。

（2）个位上减数是 5，得数是 3，那么□=5+3=8，同样，十位数□=4-1=3。

所以，破解后的竖式应该是这样的：

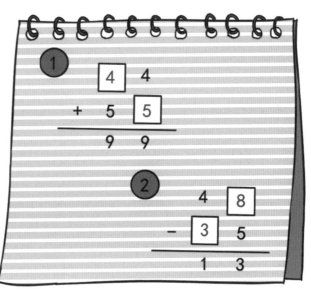

高级版

　　因为两个加数个位上两数的和是 11，可能个位就会是 9+2=11、8+3=11、7+4=11、6+5=11，因此这道题有 4 种解答方式，你都做对了吗？（否则你以为星星为什么会那么多？）

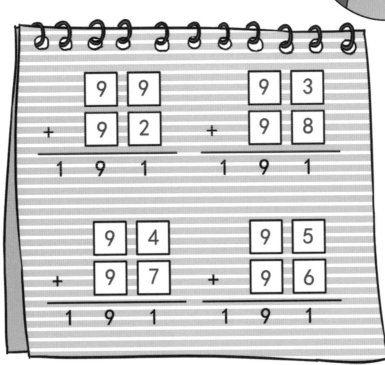

计算减法别踩坑

减法就是从一个数中减去一个或者多个数。减数可以有很多个，它们的次序可以随意改变，但如果你将被减数和减数的位置互换，那结果就大大不妙啦！

$$10-2-3-1=4 \qquad 10-3-2-1=4 \qquad 10-1-2-3=4$$

被减数 减数 减数 减数 差　　被减数 减数 减数 减数 差　　被减数 减数 减数 减数 差

当被减数和减数位置互换……

4-7=-3 但 7-4=3。
也许这样看起来并不是很好理解，我们
将这个算式改成加法算式再来看看：
$$4-7=4+（-7） \qquad 7-4=7+（-4）$$

$4 - 7 = 4 + (-7)$

$7 - 4 = 7 + (-4)$

图中的蓝点会随着计算互相抵消，当被减数和减数顺序发生变化时，计算结果也会随之变化。

因此在 4-7 这个算式中，4 个蓝点和 4 个红点相抵消后，还剩下 3 个蓝点，即 -3。

在 7-4 这个算式中，4 个蓝点和 4 个红点相抵消后，还剩下 3 个红点，即 3。

减法"伪装"有点多

减法和加法有一个同样的原则：相同事物才能相减。但是，减法的伪装，就是提问方式比较多，一不小心就会踩坑。

1. 小 W 的糖果减掉 8 颗后还剩几颗？

2. 他们之间相差几颗糖果？

3. 小 W 比小 Y 多几颗糖果？

4. 小 Y 比小 W 少几颗糖果？

哎呀，4 道题啊，这得列 4 个算式挨个算呀！

阿 Q 辛辛苦苦才算完，他列出了算式：

1. 15−8=7（颗）

2. 15−8=7（颗）

3. 15+8=23（颗）

4. 15−8=7（颗）

别以为我不知道中间有道加法题，想蒙我，没门儿！

多几颗的问题，当然得用加法了！

等等，阿 Q 踩坑了！其实这 4 道题用 15−8=7 就能全部解决。几减几、几和几的差、谁比谁多、谁比谁少这 4 类提问，一定都是用减法计算的。尤其是谁比谁多的问题，虽然有个多字，但是比较两种数量的多少，一定要用减法哟！

减不过，请借位

在计算减法算式时，当被减数的低位数减不掉减数的低位数时，就要通过借位的方式来进行计算。当低位数进行借位后，它的数值就会增大，足够减掉减数的低位数。如 25，5 如果向 2 借位，会变成什么样呢？

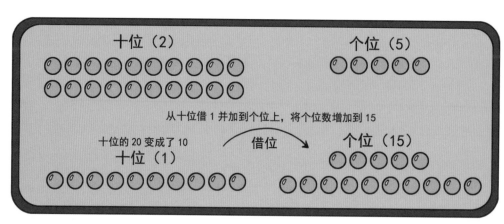

个位的 5 向十位的 2 借位之后，个位上的 5 就变成了 15，而十位的 20 则变成了 10。

让我们一起用借位的方法来做这个减法：25-7，当 5 借位成功后，我们可以轻松算出结果，个位的 15 减去 7 等于 8，而十位不变，所以得数应该是 18。

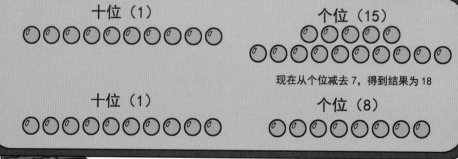

便利店里的减法 ••

　　每当去便利店里买零食的时候，你就能发现会做减法实在是太有用了：减法能够帮助你计算出付款后找回的零钱是否正确。假如你拿了 10 元钱，要买一包 4.8 元的薯条和一根 1.5 元的棒棒糖，售货员应该找你多少钱呢？

小朋友，薯条 4.8 元，棒棒糖 1.5 元，收你 10 元。找你 3.7 元，欢迎下次光临哟！

哎呀，我想想，是找 3.7 元还是 4.7 元呢？

账单

付款：10 元

价格：4.8 元

　　　 1.5 元

找零：3.7 元

　　如果你还在纠结 3.7 元或者 4.7 元的话，那就说明你的连减计算不太熟练，先将两种零食的价格加起来，即 4.8+1.5=6.3（元），然后再用你的钱减去零食的价格：10-6.3=3.7（元），这样的算法也能帮助你很快算出售货员找零是否正确。

　　此处请注意减法的原则：相同事物才能相减。元、角、分必须分清楚，这样计算出的答案才不会出错。

找零是否正确？ •••

　　你可以用加法来验算一下找零是否正确：3.7+1.5+4.8，如果它们相加的结果是 10，那么恭喜你，找零 3.7 完全正确，你算出来了吗？

　　在现实生活中，人们已经很少使用分的货币，人们在结算时一般会通过"四舍五入"的方法抹掉几分钱的零头。因此，当你在便利店计算金额时，如果所买的货物标有几元几角几分，你可以先算花了几元几角，至于后面的几分，留到最后用"四舍五入"法抹掉即可，这样你会更加快速地算出自己花了多少钱，应该找多少钱。

蛋糕店的儿童节

儿童节到了，街边的蛋糕店准备了有奖答题，只要能正确答对蛋糕店门口的题目，就可以免费领取一个大大的节日蛋糕！谁能破解题目吃到美味的蛋糕呢？

黑板上的 4 道题现在都是不成立的，请你移动一根法棍面包，使等式成立。看来蛋糕店店长非常喜欢儿童节，因为他规定等式两边的答案都是 61。加油吧！

① $56 + 3 = 61$

② $58 - 8 = 61$

③ $98 + 37 = 61$

④ $35 - 26 = 61$

每道题只能移动一根法棍，看起来还是很难的。但是你仔细观察一下，总能想到解决问题的方法。

（1）把加数 3 变成 5，等式成立：56+5=61。

（2）将 58 个位数 8 左下方的法棍移到十位 5 的左下方，使 5 变成 6，8 变成 9，等式成立：69-8=61

（3）不动数字，拿掉一根法棍，将"+"变成"-"，等式成立：98-37=61

（4）不动数字，将上一题的法棍放下来，把"-"变成"+"，等式成立：35+26=61

"金牌杀手"

这是一个两人PK的小游戏，得到3分你就可以成为"金牌杀手"，然后干掉你的对家。

准备工作

1. 每人准备10张大小相同的小纸片。

2. 40张扑克牌，一人拿黑桃和梅花的A到10，一人拿方片和红桃的A到10。

游戏规则

在每张纸上写一个不同的数字（1~100），一定要悄悄地，不要让对手发现你写的是几。

每个玩家选一张手中的牌，看好后将它倒扣在桌子上。

两个玩家同时把牌翻过来，然后将双方牌上的两个数相乘。如果你的纸片上有这两个数字的乘积，那么，你得1分；如果你的对手手中的纸片上有这两个数字的乘积，那么对手得1分；如果你们两个都有，比分则是1:1。（如：你的扑克牌是5，对手的扑克牌是6，谁的纸片上写有30，谁就得1分，如果都没有30，则不计分。）

得1分

30

得到 1 分后，你的那张纸条就可以扔掉了。获胜的人可以将纸条团成一团，当作子弹扔向你的对家，让他提前感受一下"杀手"的威力！

继续下一轮：将选过的纸牌留在桌子上，每人重新再选一张，倒扣在桌面上。

将你们的纸牌翻过来，方法如上，谁手中的纸条有两张牌数字的乘积，谁就得一分。

最快得到 3 分的人就是"金牌杀手"，那么你的对手就被你干掉了，你就是获胜者。

如果所有的牌都用完了，还是没有人得 3 分，那么这一局就没有获胜者，重新写纸条，开始下一局吧！

小 提 示

1. 写数字的时候，尽量选择乘法表中出现频率最高的数字。

2. 选牌时，尽量出一个至少能被你纸片上一个数整除的牌。

3. 记住对方出过的所有牌，这样就能帮助你选择自己要出哪张牌。

记住这几个规律，你会发现自己越玩越厉害，"金牌杀手"的宝座就归你啦！

数学家们的小游戏

　　每个周末，数学家们聚会时，总喜欢在一起玩"纵横求和"的游戏。这个游戏需要在空的"□"里面填上数字，使每个等式都成立。

　　这是今天的纵横求和题目，我们的数学家很自信，他们打赌：你肯定不可能在 10 分钟内正确地填满这些空格。太小看人了，赶紧来露一手！

	+	4	−	5	=			?
−		+		+		+		−
6	+	8	−	9	−	2	=	3
+		−		+		−		+
7	−	3	+	3	−	8	=	
−		=		−		+		−
	+		−	8	+	2	=	6
=		=		=		=		=
5	+	8	−	9	−		=	

我的眼光果然没错,你只用了7分钟就填满了这些"□",3位数学家感觉太伤面子了。这时,又陆陆续续来了几位科学家,他们表示上面那道纵横求和的题目只是"小儿科"而已,下面这道才是真正的"大餐",你有信心"吃掉"它吗?

难度升级,快来测测你的能力吧!

记住,每一个空格只能放从0到9中的一个数字。

小提示　要从能确定的部分先确定,后面的□就拦不住你啦,加油!让数学家们目瞪口呆吧!

答案

(1)角上的数字是6……其他的数字你自己算!

(2)右上角的数字是4。为了防止你被卡住,先用"8"完成第一行的计算,当你从8向下看这个算式时,适合下面两个空格的数字是9。这一点同样适用于中间横着以6打头的算式。其余的数字,你继续自己算!

魔法师的授课

魔法师非常注重孩子们是否能熟练使用"乘法口诀表",因为它就像咒语一样,只要会背"乘法口诀表",那么除法用起来就是轻轻松松的事情了。可孩子们并不会乖乖地背,他们找各种借口来逃避背诵,魔法师不得不想尽各种办法激发孩子们的兴趣。

童话编织法

很久很久以前,7个小矮人拯救了2位漂亮的公主,他们打败了邪恶的女巫,成为了光明魔法师,在魔法的作用下,他们变成了14个人!

载歌载舞法

哟哟,切克闹!五八四十、五九四十五,快点跟我来一套!

糖衣炮弹法

我有 4 包巧克力豆，每包里面有 8 颗巧克力豆，如果我把它们全部送给你，你一共能吃到多少颗巧克力豆？

鼓励竞争法

谁第一个回答出正确的答案，今天下午就可以少做一页口算题！

死记硬背法

别发呆了，当自己是机器，背，不停地背！

你在背乘法口诀表的时候，经历了哪些艰苦的事情？有人用以上这些方法激发过你的兴趣吗？不要觉得辛苦，地球上的小孩都会经历这件事。当你快速背熟乘法口诀表，用它来进行乘除法的运算时，你会觉得一切都是那么简单。

乘法：相同数的相加

如果有多个甚至 20 个相同的数字相加，你可能会列很多行算式，然后一步一步计算它们相加的结果。但如果你学会乘法，一个简单的算式就能搞定这个问题。

母亲节到了，每位妈妈都收到了 9 朵玫瑰花，她们一共收到了多少朵玫瑰花？

也许你会这样算，每位妈妈都有 9 朵玫瑰花，那么算式是：

$$9+9+9+9+9+9=54（朵）$$

还会这样算，6 位妈妈一次共收到 6 朵玫瑰花，一共收了 9 次，那么算式是：

$$6+6+6+6+6+6+6+6+6=54（朵）$$

当你学会乘法的时候，你只用列出 $6 \times 9=54$ 或者 $9 \times 6=54$，这样的算式是不是更加简便呢？

当然，想要掌握乘法的诀窍，你需要背熟乘法口诀表，这样碰到乘法算式时，答案才能脱口而出。

	①	②	③	④	⑤	⑥	⑦	⑧	⑨	⑩
	一一得一	一二得二	一三得三	一四得四	一五得五	一六得六	一七得七	一八得八	一九得九	
		二二得四	二三得六	二四得八	二五一十	二六十二	二七十四	二八十六	二九十八	
			三三得九	三四十二	三五十五	三六十八	三七二十一	三八二十四	三九二十七	
				四四十六	四五二十	四六二十四	四七二十八	四八三十二	四九三十六	
					五五二十五	五六三十	五七三十五	五八四十	五九四十五	
						六六三十六	六七四十二	六八四十八	六九五十四	
							七七四十九	七八五十六	七九六十三	
								八八六十四	八九七十二	
									九九八十一	

	①	②	③	④	⑤	⑥	⑦	⑧	⑨	⑩
	$1\times1=1$	$2\times2=4$	$3\times3=9$	$4\times4=16$	$5\times5=25$	$6\times6=36$	$7\times7=49$	$8\times8=64$	$9\times9=81$	
	$1\times2=2$	$2\times3=6$	$3\times4=12$	$4\times5=20$	$5\times6=30$	$6\times7=42$	$7\times8=56$	$8\times9=72$		
	$1\times3=3$	$2\times4=8$	$3\times5=15$	$4\times6=24$	$5\times7=35$	$6\times8=48$	$7\times9=63$			
	$1\times4=4$	$2\times5=10$	$3\times6=18$	$4\times7=28$	$5\times8=40$	$6\times9=54$				
	$1\times5=5$	$2\times6=12$	$3\times7=21$	$4\times8=32$	$5\times9=45$					
	$1\times6=6$	$2\times7=14$	$3\times8=24$	$4\times9=36$						
	$1\times7=7$	$2\times8=16$	$3\times9=27$							
	$1\times8=8$	$2\times9=18$								
	$1\times9=9$									

藏在乘法表里的秘密

秘密一 ••

$1 \times 1 = 1$，$2 \times 2 = 4$，$3 \times 3 = 9$……$9 \times 9 = 81$ 相同数的乘积形成了一条斜线，它们在表格的正中央。

×	1	2	3	4	5	6	7	8	9
1	1	2	3	4	5	6	7	8	9
2	2	4	6	8	10	12	14	16	18
3	3	6	9	12	15	18	21	24	27
4	4	8	12	16	20	24	28	32	36
5	5	10	15	20	25	30	35	40	45
6	6	12	18	24	30	36	42	48	54
7	7	14	21	28	35	42	49	56	63
8	8	16	24	32	40	48	56	64	72
9	9	18	27	36	45	54	63	72	81

把 1 和 81 相连的斜列格子涂上黄色的话……

1×1，2×2，3×3……9×9！哇！这是两个相同的数相乘的结果。

秘密二 ••

将中间斜列1~81两旁相对应的数字涂上一样的颜色，你会发现什么规律？

原来中间斜列两旁的数字都是一样的，并且以中间斜列为对称轴的话，两边斜列的数字也都是一样的。

1	2	3	4	5	6	7	8	9
2	4	6	8	10	12	14	16	18
3	6	9	12	15	18	21	24	27
4	8	12	16	20	24	28	32	36
5	10	15	20	25	30	35	40	45
6	12	18	24	30	36	42	48	54
7	14	21	28	35	42	49	56	63
8	16	24	32	40	48	56	64	72
9	18	27	36	45	54	63	72	81

1	2	3	4	5	6	7	8	9
2	4	6	8	10	12	14	16	18
3	6	9	12	15	18	21	24	27
4	8	12	16	20	24	28	32	36
5	10	15	20	25	30	35	40	45
6	12	18	24	30	36	42	48	54
7	14	21	28	35	42	49	56	63
8	16	24	32	40	48	56	64	72
9	18	27	36	45	54	63	72	81

秘密三

任意在乘法表中找到 5 个格子涂色，这 5 个格子要呈十字形。观察一下，你能发现什么？

无论十字形中间是哪个数字，它的 2 倍都是其上下、左右两数相加的结果。

1	2	3	4	5	6	7	8	9
2	4	6	8	10	12	14	16	18
3	6	9	12	15	18	21	24	27
4	8	12	16	20	24	28	32	36
5	10	15	20	25	30	35	40	45
6	12	18	24	30	36	42	48	54
7	14	21	28	35	42	49	56	63
8	16	24	32	40	48	56	64	72
9	18	27	36	45	54	63	72	81

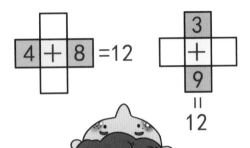

6 的 2 倍 =12

4 + 8 =12

3 + 9 = 12

秘密四

在乘法表中任意选择 4 个能够构成四边形的数字，它们对角位置的数字相乘的结果都是一样的。

即使组成的四边形对角距离很远，但它们的积依然是相同的。

1	2	3	4	5	6	7	8	9
2	4	6	8	10	12	14	16	18
3	6	9	12	15	18	21	24	27
4	8	12	16	20	24	28	32	36
5	10	15	20	25	30	35	40	45
6	12	18	24	30	36	42	48	54
7	14	21	28	35	42	49	56	63
8	16	24	32	40	48	56	64	72
9	18	27	36	45	54	63	72	81

简单的算式中藏着不简单的规律，让我们来看一看吧。

只需要 1 就可以做到这一切，让我们从 1×1 开始，像图中那样，不断进行下去。

怎么样，是不是像一座火山呢？不过这座火山还藏着很多玄机。

当乘数是两位数的时候，结果是 121。

当乘数是 3 位数的时候，第三行的结果是 12321，你是否发现了规律？第 4 行的结果是 1234321，第 5 行则是 123454321，为什么呢？

在右图中，我们可以验证下 11111×11111，它的竖式结构决定了最后得数的规律。那么，不管多少位 1 相乘，都逃不开这个规律吗？

如果你对这个问题感兴趣，你可以思考一下，如果是每位都是 1 的 10 位数乘以自身，按刚才那个规律该怎么写呢？

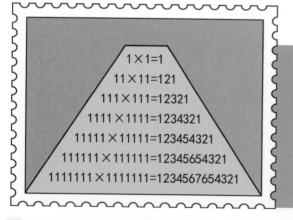

知识小点

1111111111 × 1111111111=12345678900987654321，把它继续排成山的模样，你发现有什么变化了吗？

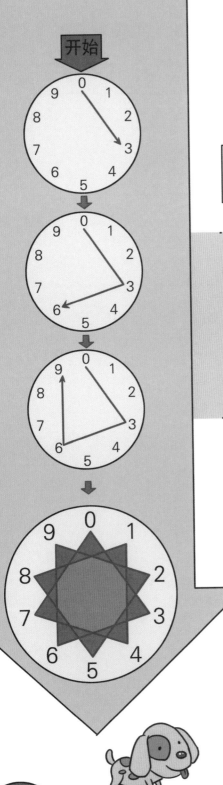

开始

现在让我们思考一下乘法运算中关于 3 的运算。

从 3×1 的结果开始，以圆盘上的 0 为起点，用箭头把它和每个结果的个位数连接起来。先连 3，再连 6 和 9，接下来因为 3×4=12，取个位数是 2，所以从 9 再指向 2，然后又指向 3×5=15 的个位数 5。最后你会得到一个美丽的图案。

那么，如果是 4，又会得到什么图案呢？从 4×1 开始，一直算到 4×9，个位的数分别为 0、4、8、2、6、0、4、8、2、6，你将得到一个五角星。

4 × 1=4
4 × 2=8
4 × 3=12
4 × 4=16
4 × 5=20
4 × 6=24
4 × 7=28
4 × 8=32
4 × 9=36

知识小点

现在，你一定很好奇其他数字能连出什么不一样的图案了。赶紧试一试吧。别忘了特殊的数字 10 哟！

古怪的印度乘法

遇到乘法我们怎么办呢？当然是用乘法口诀表啊，还记得背诵乘法口诀表的时候吗？你有没有感觉很辛苦？但如果告诉你印度人的乘法表，你一定就不觉得辛苦了。因为他们背的是 19×19 的乘法表。

而且，印度的乘法计算方式和我们的竖式运算也很不一样，你想知道印度人怎么做乘法题吗？先来看一个算式：12×32。

印度人的算法

数点数的算法

印度人会这样算：被乘数是 12，那就首先从右向左分别斜画出 1 条和 2 条斜线，乘数是 32，从左向右垂直于之前的斜线画出 3 条和 2 条斜线。这 8 条斜线会相互交叉，并形成交叉点。现在，我们把交叉点涂黑，然后把它们像图中这样分成左、中、右三部分，数一数各部分有几个交叉点。最左边有 3 个，中间有 2+6=8 个，右边有 4 个。这就是最后的答案：384。

如果你不相信，可以用乘法竖式验证一下，你也可以用这种方法来做其他的乘法题。

中国人的算法

$$\begin{array}{r} 12 \\ \times\ 32 \\ \hline 24 \\ 36 \\ \hline 384 \end{array}$$

另外，还可以像下图这样算，先画一个正方形，把它平均分成 4 部分，12 写在框的上部，32 写在框的右边。左上角框里的 3，代表 1×3 的结果，右上角框里的 6，代表 2×3 的结果，左下角的 2 代表 1×2，右下角的 4 代表 2×2。然后像这样斜着把数相加，就得到了 384。

你能不能思考一下，这种算法的原理是什么呢？

不可思议小吃店

辛格先生的"不可思议小吃店"是城里最负盛名的小吃店。每周四，店里都会推出"火爆小龙虾"，每个吃完这份小龙虾的顾客都会浑身发抖、舌头发直、嘴唇发红，呼哧呼哧地大喘气。即便如此，店里的客人还是络绎不绝。

妈呀，我的舌头麻酥酥的，我的嘴巴辣乎乎的，哦！我的脑子也开始晕了，我已经算不清楚吃了多少盘了！

菜 单

火爆小龙虾	18 元
冰粉	4.5 元
矿泉水	1 元

很显然，这位顾客已经被火爆小龙虾香得分不清东西南北了，他想继续再吃几盘，但是要注意：

● 每干掉一盘火爆小龙虾，就需要吃一碗半冰粉来降降火，否则舌头上很快就会冒出一颗大泡。

● 这位顾客并不喜欢吃太甜的冰粉，因此他每吃一碗冰粉就需要喝 3 杯矿泉水。

顾客打算在这家店消费 100 元，那么他最多可以吃多少盘火爆小龙虾？

对不起，所有食物我们不卖半份。

答案

这位客人可以吃 3 份火爆小龙虾！3 份小龙虾，即 3 × 18=54 元；需要 4.5 份冰粉，也就是 5 份，即 5 × 4.5=22.5 元；而吃 5 份冰粉也就意味着要买 15 杯矿泉水，即 15 元。所以客人的总账单是 54+22.5+15=91.5 元。

没吃上火爆小龙虾的顾客，几乎都点了店里的其他小吃。辛格老板很开心，他将每一笔钱都记了下来。看看这些账单，假设每位顾客都是喝一杯饮品、吃一份主食和点一份小吃，那么今天哪种食物是一份也没卖出的？

答案

　　鸡汁捞面没有卖出去。42 元 = 超级爆蛋奶茶 + 土豆牛腩盖饭 + 蔬菜串串；34.3 元 = 桃花蜂蜜水 + 土豆牛腩盖饭 + 香煎培根；44.6 元 = 热带草莓冰 + 土豆牛腩盖饭 + 麻辣土豆片；37 元 = 超级爆蛋奶茶 + 双蛋脆饼 + 蔬菜串串；38.8 元 = 热带草莓冰 + 双蛋脆饼 + 香煎培根。

硬币搬家

把下面 8 枚 1 元硬币排成一排。

要将它们堆成 4 摞，每摞 2 枚。

要 求 -

每次只能移动一枚硬币。
只能移动 4 次。

移动时，每枚硬币必须跨过 2 枚硬币，不能多，也不能少。当 2 枚硬币摞在一起时算 2 枚。

像图中一样，将 4 枚 1 元硬币和 4 枚 5 角硬币摆好。

最后它们必须排成这样：

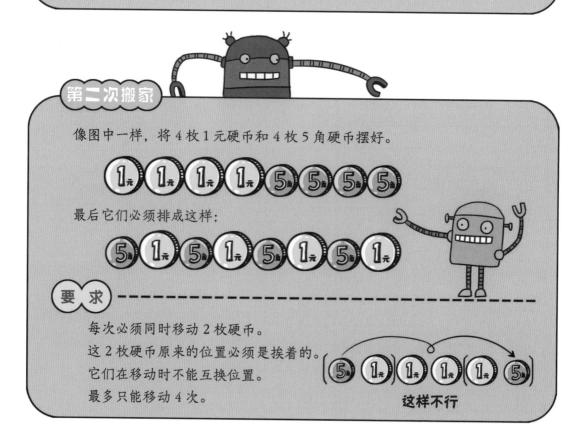

要 求 -

每次必须同时移动 2 枚硬币。
这 2 枚硬币原来的位置必须是挨着的。
它们在移动时不能互换位置。
最多只能移动 4 次。

这样不行

第三次搬家

像图中一样，将2枚1元硬币和3枚5角硬币排成这样：

按照要求移动它们，使它们最后变成这样：

要 求 ——————————————————————————

每次必须同时移动2枚硬币，但这2枚硬币必须有一枚是1元、一枚是5角。

它们在移动时不能互换位置。

这次可以移动5次。

答案

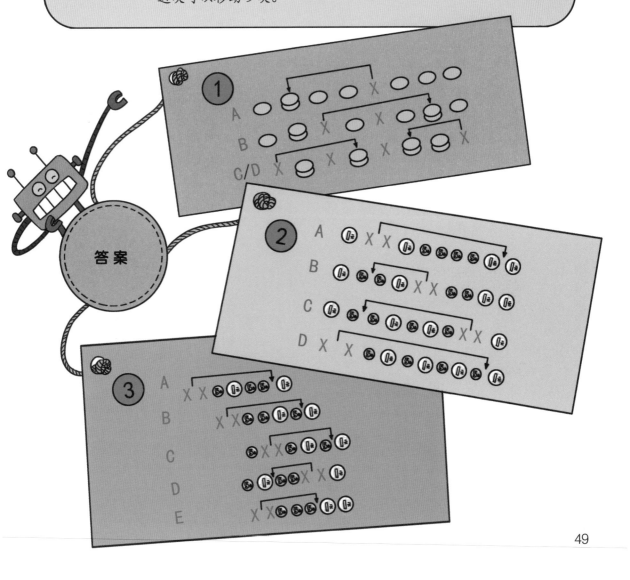

毒博士的谎言

毒博士是一位喜欢数学的医药天才，但是他很孤僻，不喜欢陌生人踏入自己的地盘。这天，一个小男孩不小心闯入他的秘密基地，毒博士说了 6 件事，但只有 2 件是真的，其他 4 件事全部都是谎言。如果这个小男孩分辨不出真话和谎言，那么毒博士就会用超级痒痒粉惩罚他。赶紧帮帮这个可怜的孩子吧！

12 米　　8 米

每平米
45 千克

1　我有一块卷心菜地，长 12 米，宽 8 米，每平方米收了 45 千克菜，我今年一共收了 4300 千克卷心菜。

全班 120 人

2　当我上小学时，每天早上都要做早操。我们班共有 120 个人，每行站 15 个人，正好站 8 行，每行站 12 个人，正好站 10 行。

3 年前

4 倍

3　我今年 43 岁，3 年前我的年龄是我女儿的 4 倍，我女儿今年 15 岁。

我的书房有6平方米，我买了200块长20厘米、宽15厘米的长方形木地板，铺完书房刚刚好。

书房面积

6平方米

15厘米

20厘米

×200块

木地板

4

我这5个瓶子上的标签都掉过，但是只有其中4个被正确地放回到了瓶子上。

答案

1. 毒博士在说谎！ 12×8×45=4320（千克），他今年实际收了4320千克卷心菜。

2. 这是真话！ 15×8=12×10=120（人）。

3. 这是谎言！ 3年前博士的年龄应该是43-3=40（岁），那么3年前他女儿的年龄则是40÷4=10（岁），今年他的女儿应该是10+3=13（岁）。

4. 谎话！如果4个标签都放回正确的瓶子上了，那最后一个肯定也是正确的，因为只有5个瓶子。

5. 这是真话，因为 20×15=300 厘米^2，300×200=60000 厘米^2=6 米^2。

除法是与乘法相反的运算？

如果乘法口诀表背熟了，倒过来用就是除法。除法就是将一种事物平均分成几等份的算法。

美女们，玫瑰花大赠送啦！

假如你是花店老板，母亲节这天，你要把54支玫瑰花分给6位妈妈，只会加减法的你只好这样分：

第一步：给6位妈妈一人一支玫瑰花，还剩45支。

第二步：再给6位妈妈一人一支玫瑰花，还剩36支。

第三步：继续给6位妈妈一人一支玫瑰花，还剩27支。

……

你的时间不宝贵吗？妈妈们的时间经得起浪费吗？只要你会背乘法口诀表，你就知道54÷6=9，毕竟有一句口诀："六九五十四"嘛！

分配律

这种运算定律在组合运算时非常有用。例如：

$$4 × (3+4) = (4 × 3) + (4 × 4)$$

然而，分配律对于除法并不适用：

$$12 ÷ (2+4) = 12 ÷ 6 = 2，但是$$
$$(12 ÷ 2) + (12 ÷ 4) = 6+3 = ?$$

虽然除法是和乘法相反的运算，会算乘法也就会算除法了，但这却并不代表有些乘法的规律除法也适用，比如分配律：

$$6 × (5+3) = (6 × 5) + (6 × 3)$$

如果这种分配律用在除法上，结果会怎样呢？

$$48 ÷ (6+2) = 48 ÷ 8 = 6$$

$$48 ÷ 6 + 48 ÷ 2 = 8+12 = 20$$

除法是个魔法师

很久很久以前，4还是一个单纯的数字，它无忧无虑地在数学城里玩耍。直到有一天，它被城外一片开满鲜花的草地吸引，偷偷溜了出去。

调皮的数字不只4，它在草地上还遇到了数字8，它们一起晒太阳、摘鲜花，真是太好玩了！

它们一起玩了加法：
8+4=12　4+8=12

它们又一起玩了减法：
8-4=4

它们还玩了好长时间的乘法：
4×8=32　8×4=32

玩到最后，实在是有点儿无聊了，大胆的8就说："咱们玩次除法吧，我还没玩过呢！"

4有点儿犹豫："我也没玩过除法，但我妈妈说除法是一个邪恶的魔法师，不准我玩！"

8 满不在乎地说："我妈也是那样说的，我总觉得是吓唬小孩子的！城里到处都有大人，玩不了除法，趁着现在没人，玩一次呗！"

4 心动了，反正大人不让做的事情总是有特别大的吸引力，可是它没有玩过除法，根本不知道怎么玩。

还好 8 年纪大点儿，懂的知识比较多，它说："我听说在乘法表上能找到的算式，几乎都可以用除法计算，我找一下，哎呀，我找到了！我是你的两倍，快来除一下！"

果然，8÷4=2。哈，哪有什么魔法呀，大人果然是吓唬孩子的！

真相！

大人们说除法是个魔法师，不能随便玩除法，其实都是骗人的！

过了一会儿，数字城里又溜出来了一个数字——7，它们 3 个碰头之后，玩得不亦乐乎。它们组合在一起，

玩了加法：　　47+8=55　48+7=55　78+4=82

它们玩了减法：　8-7=1　8-4=4　7-4=3
　　　　　　　　87-4=83　78-7=71　84-7=74

它们还玩起了乘法：　4×7=28　7×8=56　4×8=32

当然，它们顺理成章地玩起了除法：
　　　　　　8÷4=2　8÷7=1……1　7÷4=1.75

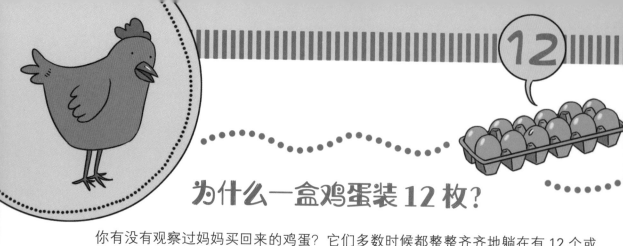

为什么一盒鸡蛋装 12 枚？

你有没有观察过妈妈买回来的鸡蛋？它们多数时候都整整齐齐地躺在有 12 个或者 24 个空位的小盒子里，即使鸡蛋盒再大一点，通常也是装 48 枚，它们都是 12 的倍数。

在数字这个大家庭中，有的数很乖巧，它们往往可以被很多数整除，比如 12，它可以被 1、2、3、4、6、12 进行整除，如果一个数正好能被另一个数整除，那么后者就是前者的因数。也就是说，12 的因数就是 1、2、3、4、6 和 12，这也说明数量是 12 的物品，就会有很多种巧妙的分装方式。

12 ÷ 1 = 12
12 ÷ 2 = 6
12 ÷ 3 = 4
12 ÷ 4 = 3
12 ÷ 6 = 2
12 ÷ 12 = 1

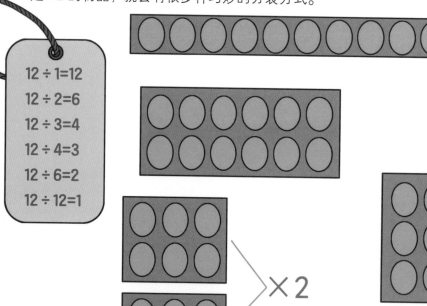

×2

看完上面这个图，你肯定就会明白为什么一盒鸡蛋大多数时候装 12 枚了吧？

像因数少的数字，如 13，它仅仅比 12 大 1，但却很难进行除法运算，这个顽固的数字只能被 1 或者 13 整除，当它除以其他的数时，都是除不尽的。

$$13 \div 1 = 13 \qquad 13 \div 13 = 1$$

就以装鸡蛋为例，如果你一定坚持要在一个盒子里面装 13 枚鸡蛋，那么，你只能做一个长长的盒子：

可不是所有人都愿意要长盒子包装的鸡蛋，因为家里可能没有那么长的地方放鸡蛋呀，那么，做一个方形的盒子吧！

结果有 2 种。要么你的盒子有一个位子是空荡荡的，可卖鸡蛋的商人不会乐意的，因为浪费的盒子也要算成本的！

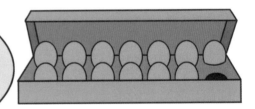

要么有一枚鸡蛋放不进去，那买家也不乐意呀，不能让客人一手提一盒鸡蛋，还一手拿一枚鸡蛋吧？肯定会打差评。

所以，如果让你选盒子，我相信 12 枚装的盒子一定是最好的选择。

除不尽的算式

7 突然发现：8 可以整除 4，而自己不仅不能整除 4，被 8 除竟然还余 1！"怎么能这样呢？"7 很不高兴，"你们两个都可以整除，我怎么就不行了？嘿，这个事情我不乐意！"

7 一把拉住 4，它说："小 4，你除我试一试，我除你有余数，总不可能你除我还得不到一个确定的数字吧？"

4 一想到自己竟然可以除 7，一股巨大的兴奋感充满了它的身体，它不停地算呀算，算呀算，一连串的小数从等号后面冒了出来：

$4 \div 7 = 0.571428571428571428$······

糟糕，4 和 7 在除法的作用下，兴奋地停不下来了，这个商是一个无穷无尽的循环小数！这串数字一直不停地往外蹦，从草地上蹦到了数字城里······一旁的 8 被吓坏了，直到它叫来了大人，大人们把 "=" 换成了 "≈"，不停往外蹦的数字才停了下来：

$4 \div 7 \approx 0.57$

在见过了 4÷7 的悲惨事件之后，其余的数字宝宝再也不敢乱玩除法了，谁知道一个不小心，会变出多少莫名其妙的小数呢？

如果你实在算不下去了，这个艰巨的任务就只好丢给计算器了。

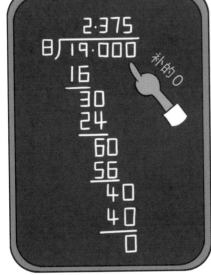

补的 0

计算器可以很快计算出得数，当我们计算 19÷8 这道题时，我们很快就能得出这道题的答案是商 2 余 3，可计算器给的答案就不一样了。实心眼的它会一直一直计算下去，就像这样：

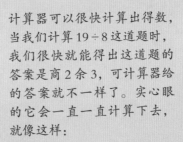

总之，计算器在做除法时，会不断地向后运算，当整数除完还有余数时，它会补上一个小数点，然后自己想象着补上 0，直到将所有的数字除尽为止。当然，这个方法只针对可以除尽的数字，毕竟有太多的数字是循环或者不循环小数，而计算器的显示屏却是有限的，即使想要算下去，也是"心有余而力不足"啊！因此多数时候，对于一些除不尽的算式，人们会用分数来表示。

　　在以上这些分数中，有的分数很快就能被除尽，而有的分数的计算结果是无穷无尽的，甚至连显示屏都塞不下了。你能找到那些没有尽头的分数吗？

幻圆大挑战

数学里有一种好玩的数字组合游戏，叫作幻圆。幻圆是将自然数排列在多个同心圆或者多个连环圆上，使各圆周上数字之和相同，并且几条直径上的数字之和也相同。

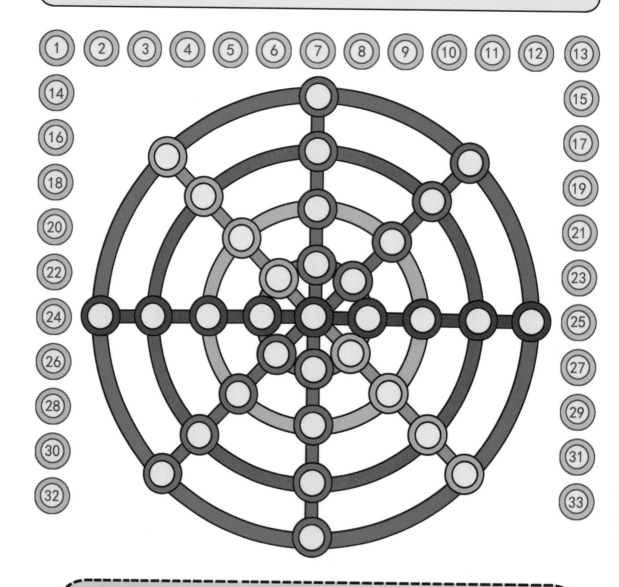

在 700 多年前，中国数学家杨辉写了两本书，其中一本就包含有早期的幻圆题的内容，这道题如上图所示。将数字 1 到 33 填入圆圈内，使每一条直线上的数字相加的结果都一样。注意，数字不能重复出现。

小提示：每条直线上的数字相加之和都是 147

用"魔方格"来玩算数游戏

每个方向的数字相加，得数都一样

图1这种在9个格子中分别写1~9这9个数字的表格叫作"魔方格"。这个魔方格竖向、横向、斜向的数字加起来都是15。

8	3	4
1	5	9
6	7	2

图1

那么挑战一下图2的魔方格吧！

图2

图3

从哪里开始好呢？首先，看图3红色线圈住的部分。这里横着的6、1、8这三个数相加的和是15。从这里可以看出这个魔方格的横向、竖向、斜向上的3个格子中的数字加起来都是15。接下来看蓝色线圈起来的部分。这里应该是 4+□+8=15。所以空着的中间的格子应该填上3。像这样，考虑"再填一格就完成的列"是关键所在。

绿色圈住的地方好像也可以了吧？因为 4+□+6=15，所以中间的空格应该填5。那么剩下的3个地方你是不是可以自己填了？你也可以制作新的魔方格了吧？

b	a	4
c	6	5
8	1	9

（答案）
a11、b3、c7

分数在古代

不是所有数字都那么幸运，被除之后的结果能是整数。当被除数除以除数除不尽时，人们有时候用小数表示得数，有时候用分数表示得数。在分东西的时候，人们几乎都会用分数来计算。

古埃及的分数加法

最初，也许是为了平均分面包，聪明的古埃及人发明了分数，圆满地解决了分物的问题。但当时，所有的分子都是1，只是分母不同而已。

古埃及分数的表示方法

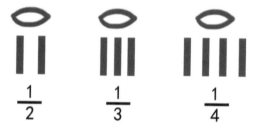

$$\frac{1}{2} \qquad \frac{1}{3} \qquad \frac{1}{4}$$

古埃及人分面包

如果要把9块面包分给10个人的话，每个人可以分到 $\frac{1}{3} + \frac{1}{4} + \frac{1}{5} + \frac{1}{12} + \frac{1}{30}$ 块面包。

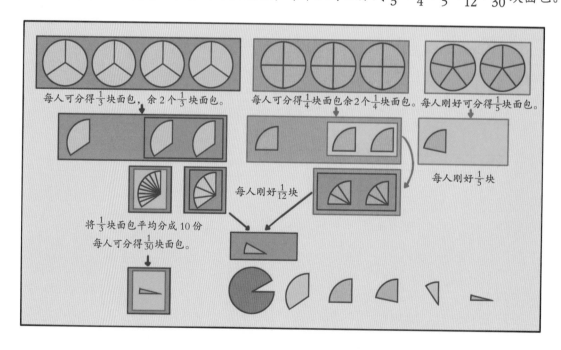

每人可分得 $\frac{1}{3}$ 块面包，余2个 $\frac{1}{3}$ 块面包。

每人可分得 $\frac{1}{4}$ 块面包余2个 $\frac{1}{4}$ 块面包。

每人刚好可得 $\frac{1}{5}$ 块面包。

每人刚好 $\frac{1}{12}$ 块

将 $\frac{1}{3}$ 块面包平均分成10份每人可分得 $\frac{1}{30}$ 块面包。

每人刚好 $\frac{1}{5}$ 块

现代人分面包

现代分数的分子不像古埃及分子那么单一，它可以是任何一个数字，所以人们很轻松地就能知道：每个人可以分到 $\frac{9}{10}$ 块面包。

如果我们现在要计算 $\frac{1}{3} + \frac{1}{4} + \frac{1}{5} + \frac{1}{12} + \frac{1}{30}$ 的得数，就需要将这几个分数通分成分母相同的分数，即：

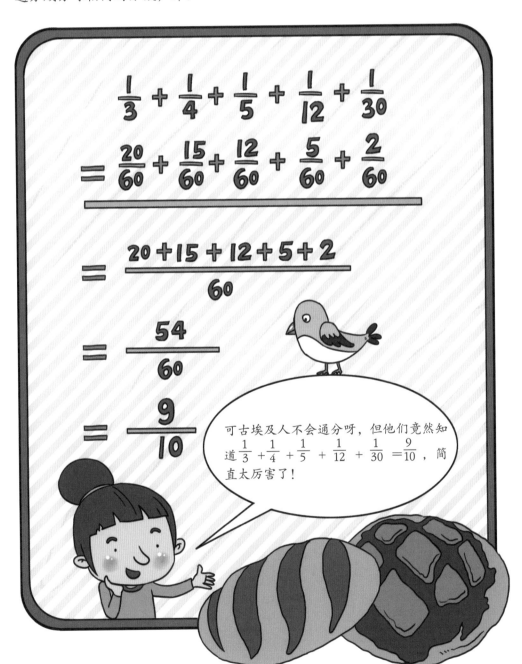

$$\frac{1}{3} + \frac{1}{4} + \frac{1}{5} + \frac{1}{12} + \frac{1}{30}$$

$$= \frac{20}{60} + \frac{15}{60} + \frac{12}{60} + \frac{5}{60} + \frac{2}{60}$$

$$= \frac{20 + 15 + 12 + 5 + 2}{60}$$

$$= \frac{54}{60}$$

$$= \frac{9}{10}$$

可古埃及人不会通分呀，但他们竟然知道 $\frac{1}{3} + \frac{1}{4} + \frac{1}{5} + \frac{1}{12} + \frac{1}{30} = \frac{9}{10}$，简直太厉害了！

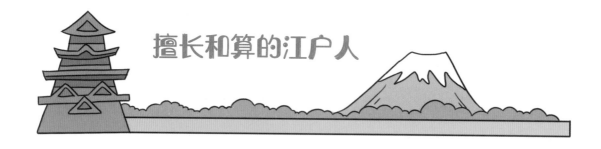

擅长和算的江户人

日本独有的算数方法

很久以前，许许多多的人开始学习数学，享受解开答案的瞬间带来的喜悦。在日本，江户时代的数学家发明了被称为"和算"的独一无二的算数方法，非常实用。

由吉田光由所著的关于和算的书《尘劫记》就很具有代表性。

江户时代的销量冠军

《尘劫记》在日本人的生活中，扮演了很重要的角色。它的插画非常丰富，读起来也很容易理解。这本书在江户时代是卖得最好的数学类书籍之一。

其内容包括：算盘的使用方法，大数字和小数字的表现方法，面积和体积的计算之类。还有类似智力谜题的问题，也有"鼠算和""鹤龟算"这种现在知名的问题。里面也有非常难的问题，没有答案的问题也会编写进去。这就成了对读者的挑战书。解开答案的人，再写新的问题，让其他的读者来挑战。像这样重复着创造了很多优秀的数学问题，和算也渐渐发展了起来。

仙鹤和乌龟有多少只？"鹤龟算"的奇妙之处

"鹤龟算"是日本很久以前就流传下来的算数问题。仙鹤和乌龟大家一定都知道，阅读接下来的问题："仙鹤和乌龟一共有 5 只，一共有 14 只脚，那么仙鹤和乌龟各有多少只呢？"在这里，知道了动物的只数和脚的总数，要求各种动物有多少只的问题被称为"鹤龟算"。在中国，类似的问题称为"鸡兔同笼"。

各有多少只？

来解答"鹤龟算"吧！仙鹤有 2 只脚，乌龟有 4 只脚，首先考虑全部都是乌龟的数量数量的情况。

如果全部都是乌龟的话，就像图 1 所画的这样，脚的数量太多了。如果把乌龟的数量减少为 4 只，像图 2 一样，一共有 18 只脚，还是有点多呢。那么再减少一只乌龟，像图 3 那样，脚的总数是 16 只。减少一只乌龟变成仙鹤的话，脚的只数就减少了 2，那么利用这个方法再减少一只乌龟就可以了。也就是说，乌龟 2 只、仙鹤 3 只时，脚的数量就和题目一致了。

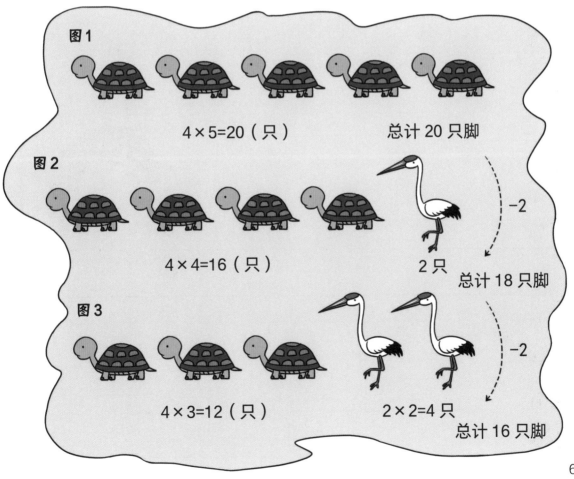

图1

$4 \times 5 = 20$（只）　　　总计 20 只脚

图2

$4 \times 4 = 16$（只）　　　2 只　　　−2　　　总计 18 只脚

图3

$4 \times 3 = 12$（只）　　　$2 \times 2 = 4$ 只　　　−2　　　总计 16 只脚

怎样计算分数的加减乘除？

分数的加法

做分数的加法运算时，我们会遇到 2 种情况：同分母分数相加和异分母分数相加。

同分母分数相加： $\dfrac{1}{8} + \dfrac{5}{8} = \dfrac{6}{8}$ **分母不变，分子相加。**

异分母分数相加：当分母不同时，我们需要找到它们的公分母，然后将两个分数进行通分之后再相加。

通分过后的得数，答案通常可以简化，例如：

$$\underset{\underset{\text{A}}{\textcircled{\text{A}}}}{\dfrac{1}{8}} + \underset{\underset{\text{B}}{\textcircled{\text{B}}}}{\dfrac{1}{5}} = \dfrac{5}{40} + \dfrac{8}{40} = \dfrac{13}{40}$$

（分子A）×（分母B）　　（分子B）×（分母A）
1×5　　　　　　　1×8

5×8
（分母A）×（分母B）

$$\dfrac{3}{8} + \dfrac{1}{6} = \dfrac{18}{48} + \dfrac{8}{48} = \dfrac{26}{48}$$

此时，分子和分母同时除以 2，就得到 $\dfrac{13}{24}$

所以，24 就是最小公分母。

分数的减法

分数的减法和加法原则一样，同分母相减时，分母不变，分子相减；异分母相减时，先通分，再用分子相减。

如： $\dfrac{7}{8} - \dfrac{5}{8} = \dfrac{2}{8}$ 　　　 $\dfrac{7}{8} - \dfrac{3}{5} = \dfrac{35}{40} - \dfrac{24}{40} = \dfrac{11}{40}$

分数的乘法

在做分数的乘法时，你需要记住：分子和分子相乘，分母和分母相乘。千万不要用分子和分母相乘，毕竟没有哪个数字喜欢和不同位置的数字绑在一起。如果你这么做，结果就是一个严重的错误。

分数的乘法可以归纳为： $\dfrac{上面和上面的相乘}{下面和下面的相乘}$

$$\frac{3}{5} \times \frac{7}{9} = \frac{3 \times 7}{5 \times 9} = \frac{21}{45}$$

你可能需要化简结果得到最简分数。在这道题中，你可以把分子和分母同时除以 3：

$$\frac{21}{45} = \frac{7}{15}$$

分数的除法

除法和乘法一样简单。你只要将除数的分子和分母颠倒，然后和被除数相乘，像这样：

$$\frac{2}{5} \div \frac{3}{4} = \frac{2}{5} \times \frac{4}{3} = \frac{2 \times 4}{5 \times 3} = \frac{8}{15}$$

$\dfrac{4}{3}$ 是 $\dfrac{3}{4}$ 的倒数。 $\dfrac{3}{4} \times \dfrac{4}{3} = \dfrac{12}{12}$

任何一个非零的数乘以它的倒数，值为 1。

- -

分数的除法很有意思，它不像乘法那样分子乘以分子，分母乘以分母，而是将除数颠倒过来，形成倒数，然后用被除数乘以除数的倒数即可。

如：$\dfrac{3}{7} \div \dfrac{5}{8} = \dfrac{3}{7} \times \dfrac{8}{5} = \dfrac{24}{35}$

因为倒数是分数颠倒过来的数字，所以任何非零数和它的倒数相乘，结果都 1。

如：$\dfrac{3}{4} \times \dfrac{4}{3} = 1$　$4 \times \dfrac{1}{4} = 1$

有一天，2 大于了 4 ？

看见这个题目，你的第一反应也许是："胡说，这根本不可能！2 永远不可能大于 4！"但老鹰先生前几天就遇到过一次 2 大于 4 的事件，直到今天，它还气愤不已。

那是一个晴朗的日子，老鹰先生刚刚抓到了一只肥大的兔子，它停在一棵树上休息。饥饿的狐狸先生闻到了香喷喷的兔子味，飞快地从洞里钻了出来，它笑嘻嘻地对老鹰先生说："鹰大哥，这只兔子可真肥！"

老鹰高兴地说："是呀，我最近还没抓到过这么肥的兔子呢！"

狐狸哀求老鹰："鹰大哥，给我分口兔子肉吧，我都两天没找到食物了，再这样下去，我就会饿死的！"

老鹰心软了一下。前几天刮大风，它的蛋不小心从窝里滚了出来，还好狐狸经过，接住了蛋，可它也被一起滚下来的碎石砸伤了腿。就冲着这个救蛋之恩，怎么着也得给狐狸吃点肉啊！

老鹰说："不能分你太多，你吃点肉有力气了就赶紧去捕猎。"

狐狸高兴地说："那是，那是！您看这样好吧？您要这只兔子的十二分之四，我要这只兔子的三分之二，您有孩子，得多带点回去！"

老鹰一想：嗯，我拿4份，狐狸拿2份，这只狐狸还算懂事！它点了点头。

狐狸把兔子肉分成了3份，飞快地叼起两份兔子肉，蹿回了窝里。

老鹰一看肉只剩下了一小块，气愤地飞到洞口大骂狐狸。可狐狸却藏在洞里，笑嘻嘻地说："鹰大哥，是你答应的，我要三分之二，您要十二分之四，赶紧回去吧！"

直到今天，老鹰依然不知道为什么狐狸的2份会比自己的4份多，你能告诉它原因吗？

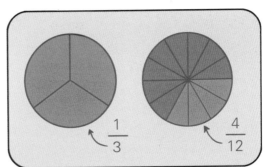

在分数中，当分母相同时，分子越大，数值就越大；可要是分母不同，那结果就难说了。

我们用一个圆来代替兔子，你会发现，$\frac{1}{3}$ 和 $\frac{4}{12}$ 是一样多的。而 $\frac{2}{3}$ 明显就是圆的一大半了。狐狸提出这样的分法，其实就是一个比较分数大小的问题。只不过为了欺骗老鹰，它说了两个分母不相同的分数。

我们可以通过通分的方式，将 $\frac{2}{3}$ 变成和 $\frac{4}{12}$ 分母一样的分数。即：

$$\frac{2}{3} = \frac{2 \times 4}{3 \times 4} = \frac{8}{12} \qquad \frac{8}{12} > \frac{4}{12}$$

所以，老鹰得到的那部分兔子肉，其实只有 $\frac{1}{3}$，而狐狸得到了 $\frac{2}{3}$，现在，你相信在特殊条件下，2大于4是成立的了吗？反正老鹰先生是百分百地信了。

小伙伴们一起聚会，吃饱喝足后，来一场"猜数游戏"活动一下大脑吧！

主持人

游戏人数：3~5 人。

游戏要求：你和你的小伙伴都要熟练使用口算，否则结果可能会很尴尬！

游戏规则：一人做主持人，主持人随意挑选一位成员，然后让这个成员想好一个数字，然后将这个数字加上 2，乘以 3，减去 5，再减去这个数字本身，再乘以 2，减去 1……最后给出连续运算后的答案，其他几位成员负责快速猜出这个数是多少。

如果你知道猜数大师的秘籍，那么这种游戏对你来说就是小菜一碟。猜数大师玩这种游戏时，一般会先找个"替身"，因为你不知道小组成员说出的数字是谁，所以不妨用 x 来代替吧！当游戏开始后，猜数大师的脑海中很快就形成了这样一个解题表：

"x" ?

想好一个数字	⟶	x
将这个数加上2	⟶	$x+2$
乘以3	⟶	$3x+6$
减去5	⟶	$3x+1$
再减去这个数	⟶	$2x+1$
再乘以2	⟶	$4x+2$
减去1	⟶	$4x+1$

这个表格很清楚地将语言文字转化成了数学文字，所有的计算过程都清楚地列在了表格之中，所以，无论出题者说出的数字是几，经过一系列的运算后，最终的运算过程都是 $4x+1$。如果出题者最后说答案是 37，求第一个数字是多少，那么猜数大师的脑海中就会立即列出方程式：

$$4x+1=37$$

那么 $x=9$。

现在，该轮到你来大显身手了！

游戏再次开始：第二位出题者为了难倒大家，想好了一个数字，并且说出了一连串的计算过程：用这个数乘以 2，加上 3，再加上这个数，然后加 1，乘以 2，再减去这个数，然后减去 3，减去这个数，减去 2，再继续乘以 2，加上 3，结果是 49，这个数是几呢？

给小伙伴 5 秒钟的得意时间吧，掌握猜数秘籍的你，很快就猜到了这个数是 5。我想，你的朋友们此刻一定惊讶得下巴都掉到地上了吧！

想好一个数字	→	x
将这个数乘以2	→	$2x$
加上3	→	$2x+3$
再加上这个数	→	$3x+3$
然后加上1	→	$3x+4$
乘以2	→	$6x+8$
再减去这个数	→	$5x+8$
然后减去3	→	$5x+5$
减去这个数	→	$4x+5$
减去2	→	$4x+3$
再用所得结果乘以2	→	$8x+6$
加上3	→	$8x+9$

当小伙伴说出计算过程的时候，你心里一定也在飞快地计算着，所以最后你只要知道算式是 $8x+9=49$ 就可以了，这个 x 很快就能算出，没有一个小伙伴能够难倒你，怎么样？成为一个猜数大师的感觉是不是很棒呢？

糟糕的分比萨事件

在一个适合聚会的周末，数学家们再次相聚。这次，他们选择的聚会地点是一家闻着香味就让人流口水的比萨店。

比萨上桌后，麻辣鲜香的滋味瞬间俘虏了所有数学家，他们忘记自己本来只想尝一块或者两块，大家都想吃香味四溢的麻辣小龙虾比萨。女数学家慌了。为了保住自己的比萨，她"刷刷刷刷"，只用了4刀就将比萨分成了11块，并且给了同伴最小块的比萨。她是怎样做到4刀将比萨分出11块的呢？

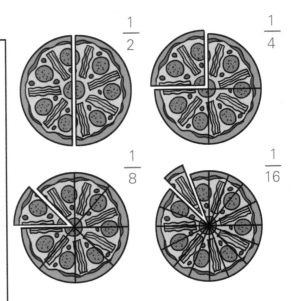

$\frac{1}{2}$ $\frac{1}{4}$

$\frac{1}{8}$ $\frac{1}{16}$

如果你的手中有一把长长的刀和一块又大又圆又香的比萨，切一刀，你会得到 2 块比萨；切两刀，你会得到 4 块比萨；切 4 刀，你会得到 8 块比萨；切 8 刀，你会得到 16 块比萨……你用除法将比萨分得很平均。可女数学家并不这样想，她想要美美地饱餐一顿，就不能这样切了。

在女数学家的眼里，此刻不是讲究平均的时候，尽可能地多吃到比萨才是最重要的。因此，她是这样分的：

切 2 刀将比萨分成 4 块   **切 3 刀将比萨分成 7 块**   **切 4 刀将比萨分成 11 块**

好吧，如果她的伙伴们想要多吃几块比萨，那就只能吃小块的比萨了。

比萨的花样分法

既然女数学家用 4 刀就把比萨分成了 11 块，那么切 5 刀或者 6 刀，比萨最多能被分成多少块呢？

我们从最初的一整块比萨开始算：切一刀得到2块，切2刀得到了4块，切3刀得到了7块，切4刀得到了11块……1、2、4、7、11，这些数字有什么规律可循吗？数学家们将每个数字减去1，得到了0、1、3、6、10……这组数被称为三角形数。因此，如果把三角形数公式加1，就能得到一个神奇的公式：

$$切圆形比萨得到的最多块数 = \frac{C(C+1)}{2} + 1$$

$C=$ 切的刀数

如果你在比萨上切7刀的话，这块比萨最多可以被分成29块！

$$\frac{7 \times (7+1)}{2} + 1 = \frac{56}{2} + 1 = 28 + 1 = 29（块）$$

三角形数 ▲▲▲▲▲▲▲▲▲▲▲▲▲▲▲▲▲▲▲▲

古希腊数学家毕达哥拉斯发现1、3、6、10、15、21……这些数量的石子，在等距离的排列下可以形成一个等边三角形，这类数被称作三角形数。

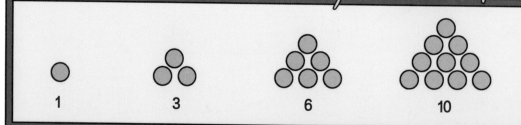

画个比萨分一分

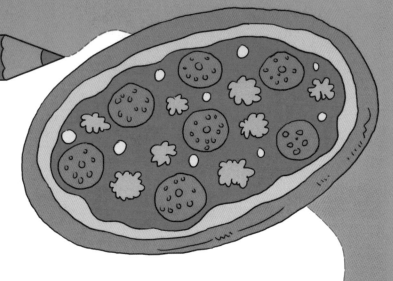

如果你真的想把一块比萨切成 29 块的话，那你一定要先准备好：一个 12 寸或者 14 寸的比萨，一把锋利的刀。同时你还得有丰富的经验，免得一刀下去，奶酪死死地黏住刀和比萨，那可能后面的行动就很难继续下去了。

想要验证这个公式是否好用，还有一个更好的办法：画一个大大的圆，然后用直线把它分开，尽可能地将它分出数量最多的小块。这种方法既省钱又好玩。

数学家们一边吃比萨，一边吐槽各啬的伙伴，同时他们还算出了所切的刀数和相应的比萨的块数：

> 1 刀下去，比萨被分成了 2 块，这个技能谁都会！
> 2 刀下去，比萨被分成了 4 块，平分才公平哟！
> 3 刀下去，比萨被分成了 7 块，最小的一块别给我！
> 4 刀下去，比萨被分成了 11 块，哦，像我们的伙伴一样小气！
> 5 刀下去，比萨被分成了 16 块，因为吃比萨的人很多吗？
> 6 刀下去，比萨被分成了 22 块，最小块的比萨还不够塞牙缝！
> 7 刀下去，比萨被分成了 29 块，一块比萨只够喂饱一只小公鸡。
> 8 刀下去，比萨被分成了 37 块，你的比萨真的不会变成比萨渣渣吗？
> ……

敢和我抢比萨，我给你们吃渣渣！

小提示

每增加一条线，都必须穿过所有其他的线，但不能穿过两条相交直线的交点。

在玩某种数学游戏时，总有那么一两个"天才"能够预测出一些算式的答案，他们是怎么做到的呢？来揭开这些"天才"的秘密招数吧！

题目

第一步：从 1、2、3、4、5、6、7、8、9 中，任意取出两个数字，
　　　　把它们组成不同的两位数；

第二步：把这两个两位数加起来；

第三步：算出这两个数字的和；

第四步：用第二步的得数除以第三步的得数。

最后的结果：11。不管你将哪两个数字进行组合，最后的答案都是 11。

假如选择 1 和 9，那么计算过程应该是：

$$（19+91）÷（9+1）=110÷10=11$$

再试试 2 和 3，这两个数组成的算式是：

$$（23+32）÷（3+2）=55÷5=11$$

试试 7 和 8，这两个数组成的算式是：

$$（78+87）÷（7+8）=165÷15=11$$

其余的数字就不一一列举了，你可以在自己的草稿本上算一算，看看商"11"是不是雷打不动的。如果是，以后和小伙伴玩这个游戏时，你也可以收获一大波羡慕的眼神儿。

题目 2

第一步：从 1、2、3、4、5、6、7、8、9 中，任意选出 3 个数字，
把它们组成三位数，不能重复选择，不能遗漏数字；

第二步：把这 6 个三位数加起来；

第三步：算出所选 3 个数字的和；

第四步：用第二步的得数除以第三步的得数。

最后的结果：222。并且不管你选哪 3 个数字进行组合，最后的答案都是 222。
我们来试试这个结果的准确性吧！

1、2、3 能够组成 123、132、231、213、312、321 共 6 个数字，所以计算过程应该是：

（123+132+231+213+312+321）÷（1+2+3）=1332÷6=222

你也可以选择不相邻的数字：5、7、9，它们可以组成 579、597、759、795、975、957 这 6 个数字，那么计算过程是这样的：

（579+597+759+795+975+957）÷（5+9+7）=4662÷21=222

再试试 3 个偶数相加会怎样：4、6、8，它们可以组成 468、486、648、684、846、864 这 6 个数字，这些数字的计算过程如下：

（468+486+648+684+846+864）÷（4+6+8）=3996÷18=222

试到这里，你是不是已经抑制不住地尖叫起来了？这么好玩又神奇的 11 和 222，赶紧拿去和小伙伴们分享吧！